ひねくれぼうず
岡田結実
文友舎

3F
2F
1F

BLUE

# はじめに

恥ずかしい。ああ恥ずかしい。
そう思う内容ばかりなんです。
だって私の個人的なメモが世間に出るわけで
内側から私を見せてることとなんら変わらないんです(笑)。
でも、いつかこういうものを出せたらなと思っていたことでもあったので
嬉しさを噛み締めてます。

たった1人のあなたに
少しでも心に引っかかるものがあればと思いながら、
作りました!!
関わってくださった皆様に感謝ですし、
この本に価値を見出して購入してくださった方に本当に感謝です。
ありがとうございます。

青くせ〜と思いながらでも読んでやってくださいな（笑）。

目次

# 第2章

あの時はあの時はって
昔のことを振り返ることが
いいとか悪いとかって決めるのは難しいけれど
振り返ることができる過去が
そこにいてくれる。
それは幸せなんじゃないかな。

今のこの苦しみも辛さも
未来の幸せに繋がってるから
今は耐えるしかないんだよって
昔自分に言い聞かせてた言葉を
今も言い聞かせているんだけど
最近は
「未来の自分のため」という理由で
今の自分を傷つけていいものなのかなと
ひねくれ坊主みたいな考えをしだしました。

自分の生き方は
すごく汚くて悲しいものだから
誰かこの生き方を切り取って
綺麗なドラマにしておくれ。

羨む感情は
その人よりも自分が下にいるからなんだよ。
その立場に行きたいから
誰かと平等を求めて
誰かのその場所を羨ましがるんだよ。

たまにね
ほんとにたまに

自分を辞めたくなる時がある。

いい意味でね。

辞めるっていっても
脱皮するって感覚だよ。

つくり笑顔ばかりだと
本当に笑いたい時に
どんな顔をすればいいのか
わからなくなっちゃうんだよ。

舞台も映画もライブも
客席に座っていると
心の底から楽しんでいるけど
何やってんだ自分
って思っちゃうんだ。

その人には重要なことかもしれないけど
僕にとっては聞いてほしくない余計なこと。
だから余計なことを聞かないでいてくれる人は
すごく好きだ。

自分は変わっていくのに
相手には変わらないことを求めてしまう。

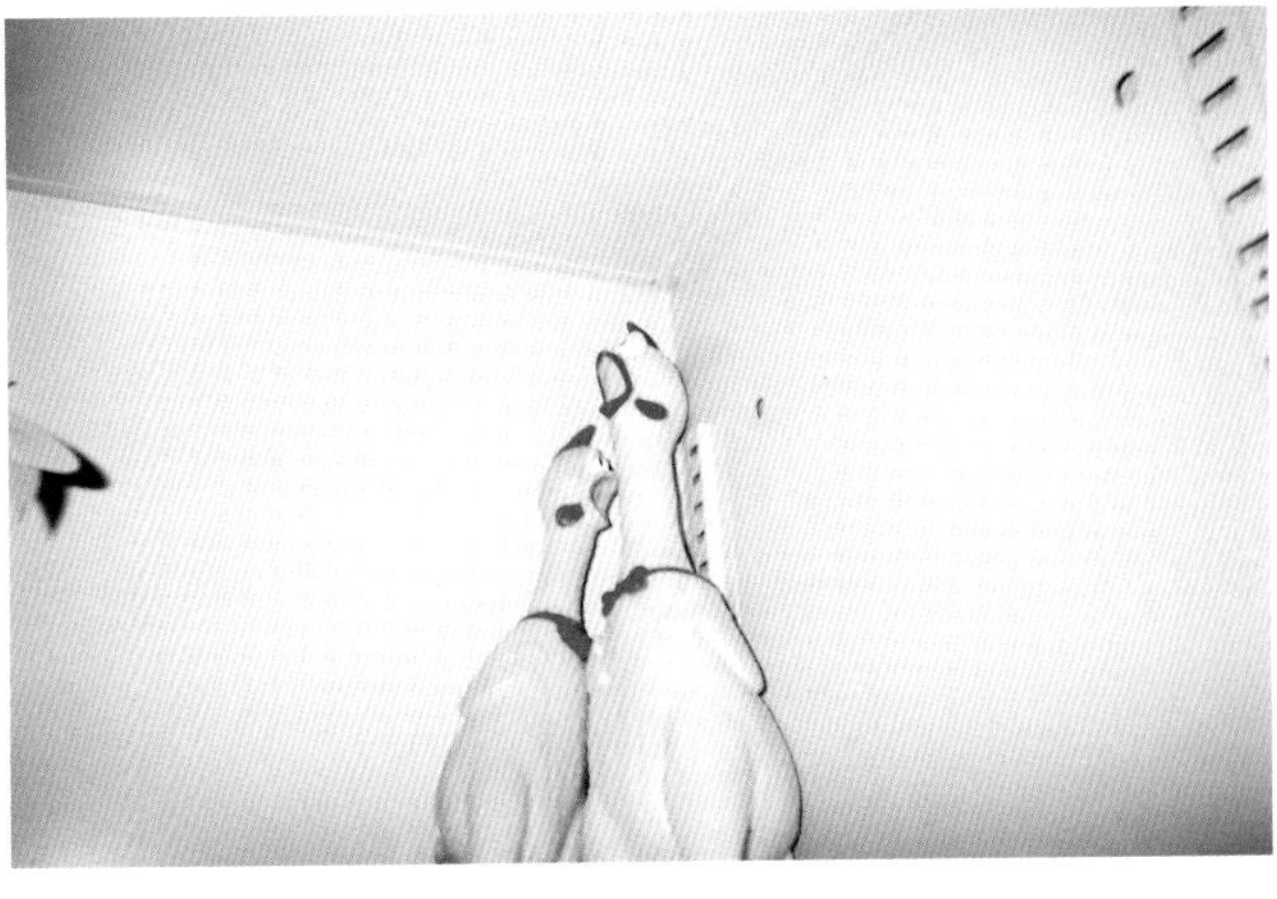

泣いちゃダメだと堪えるのは
私らしくないと思った。
女の涙は武器だとか
すぐ泣くやつは嫌いだとか
そんな言葉
くそほどどうでもいい。
感情を抑えるのは
くそほどしょーもない。

食べ物の好き嫌いをなくせるように
人の好き嫌いもちゃんとなくそうね。

【追記】
銀杏は食べられるように
なりました。

全力を尽くしてもダメなら、仕方ないって
諦められるほど
いい子じゃない。

会いたい人がいる。
行きたい場所がある。
それは会うべき人で
訪れないといけない場所なんだと
教えられた時から
会いたい人にはすぐに会うし
行きたい場所にはすぐ行くようにしている。

心が赴くままにね。

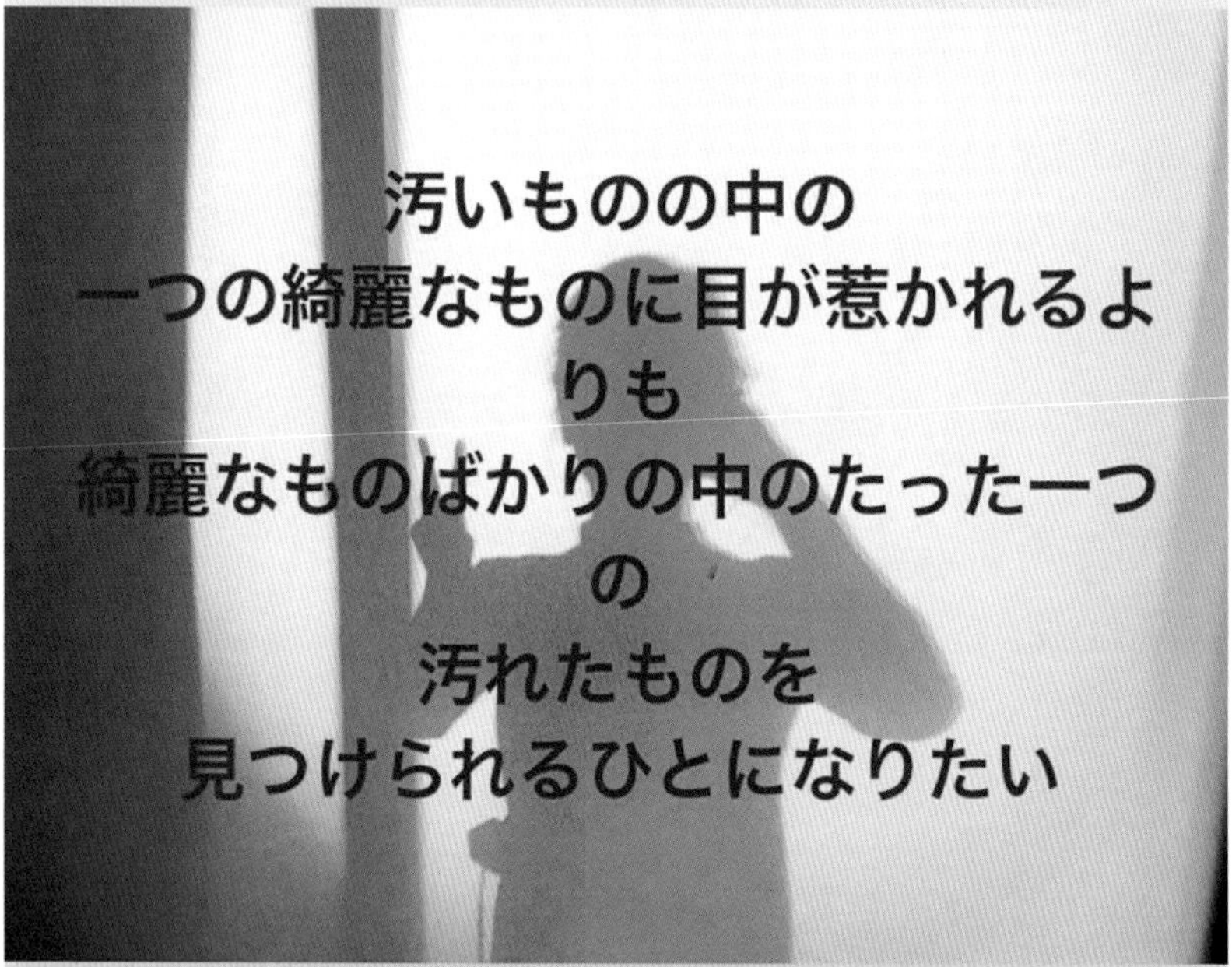
汚いものの中の
一つの綺麗なものに目が惹かれるよ
りも
綺麗なものばかりの中のたった一つ
の
汚れたものを
見つけられるひとになりたい

私は馬鹿だし
すぐ周りが見えなくなるけど
自分自身をダメなやつだと思ったことはないわ。

何が真実かというよりは
何を信じたいかだと思います。

早く幸せになりたいなー
なりたいなー
って思うより
幸せだなー
だなー
って思いたい。

難しく考えない。
簡単なことも
難しいって思うから、難しくなるの。
難しいことも
難しい難しいって考えるからどんどん難しくなるの。
結局最後は自分の思い込み。

もっとラフに考えよう。楽しいって感情で動こう。
難しいと思うってことは
その問題に悩めている自分がいるってこと。
簡単にはいかないかもしれないけれど
悩むってことは
乗り越えられるってことでもあると思うの。

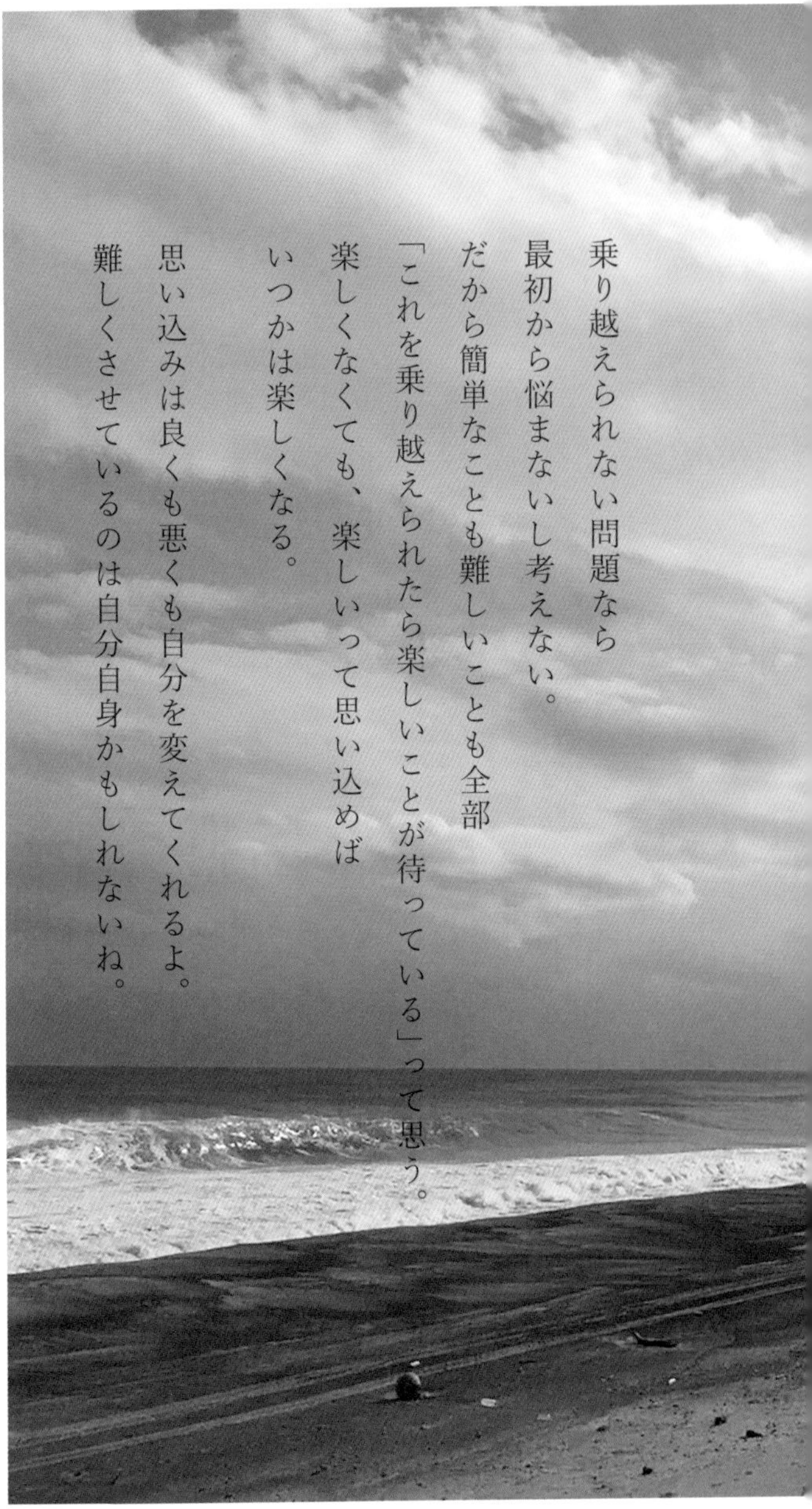

乗り越えられない問題なら
最初から悩まないし考えない。
だから簡単なことも難しいことも全部
「これを乗り越えられたら楽しいことが待っている」って思う。
楽しくなくても、楽しいって思い込めば
いつかは楽しくなる。
思い込みは良くも悪くも自分を変えてくれるよ。
難しくさせているのは自分自身かもしれないね。

ほら、楽しいことがやってきた。

幸せ太りって
なんて幸せな言葉なんだろう。
将来旦那さんを
そうさせたいんだっ!!

自分が前を向いて生きてないことで
悲しませている人がいるのなら
夢を失っても
明日に向かって歩いて行く意味がある。

好きとか嫌いとか
特別とか特別じゃないとか関係なく
この人の「頑張れ」を聞けば頑張れる
っていう人がいることは
幸せなこと。

もー疲れすぎて
心が削れすぎて
何も考えたくない。
何もしたくない。

時間が止まればいいって思ってしまった時は
大事な人が作ってくれる
あったかいご飯を食べましょう。
そしたら
肩の力が少し抜けて
まだまだやれるって思えるんだぁ。

# 第２章

人は誰に教わらなくても
人を好きになる方法を知っている。
それを聞いて初恋を思い出した。
「確かに」と思ったのと同時に
ちょっと切なかった（笑）。

電車の窓から流れる街のように
私の心の中も
どんどん流れていって
電車が次の駅に着く頃には
私の心から
あなたがいなくなっていればいいのに。

「おはよう」も「おやすみ」も
あの人に一番に言いたいし
言われたい
ってぐらいには
好きなんだと思う。
朝目が覚めた時、すぐLINE確認した？
それが恋の始まり〜!!（笑）

神様　お願いがあります。
過去も気にしない強さを
僕にください。

過去を気にして
今のあなたを見られない弱い僕を
なくしてください。

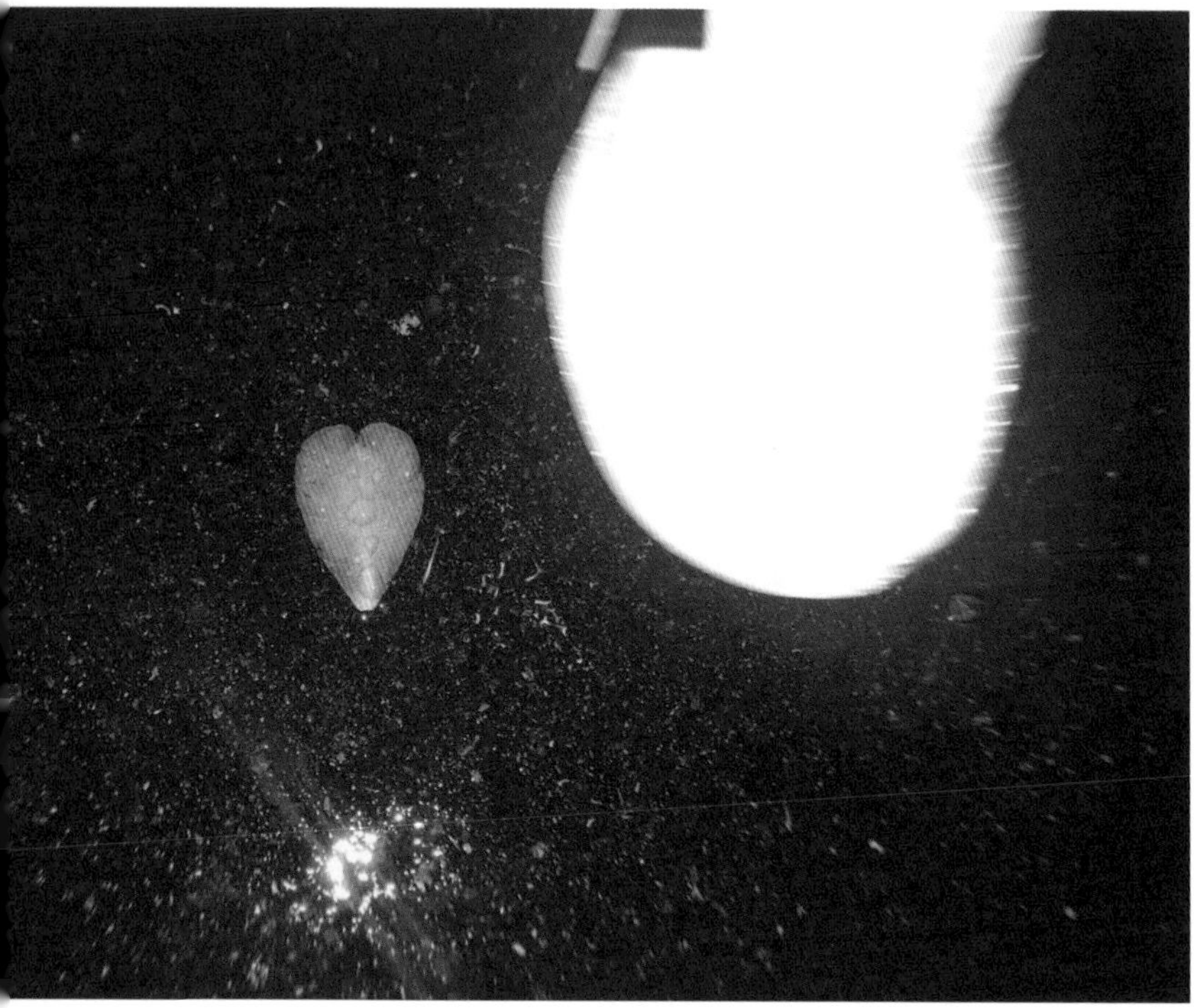

愛せている自信はあるのに
愛されている自信がないのはどうして。

2人で会った帰り道は
どこにも寄らず
2人の思い出を抱いて寝てよね。
お願いだから私を
私以外で濁さないで。

最初から私のものではないけれど
何かを失った気持ちではいさせてよ。

「ずっと」がずっと続けばいい。
いつか触れることさえできなくなるまで
いつか胸が鼓動しなくなるその時まで。
理由もなければ感覚だけでもない
確かに2人の間に流れる
目に見えるようで見えない何かを
ずっとずっと大切にすればいい。

【追記】
星野 源さんの『Pair Dancer』を聴いて書いたメモ。

あの守れなかった約束を
今他の誰かと結んでる。
今度こそは守れるかなとか
あの日傷つけた君を
踏み台にしようとしてる。

会えない距離の人がいる痛みって
そうゆうのって
人さし指の片っぽを切ったみたいに痛いですよね。
お風呂で染みて、「あ、会いたい」ってなって
忘れてたのにふとした時に「痛っ」てなって
傷は治るのが遅くって
深ければ深いほど
傷跡は消えなくって。

あの駐車場にはビルが建って
よく行ってた飲食店は違うお店に変わっていた。
あそこの公園は遊具が増えた。
前までこんな道路なかった。

景色も人も変わったけど
「君だけは変わらずそこにいて」なんて
変わっていく私が言うの。

なんて不毛なんだろう。

あなたと何回も
何十回何百回何千回も衣替えしたい。
好きな人とは、季節を何度もまたぎたい。
そう思うのって私だけ？（笑）

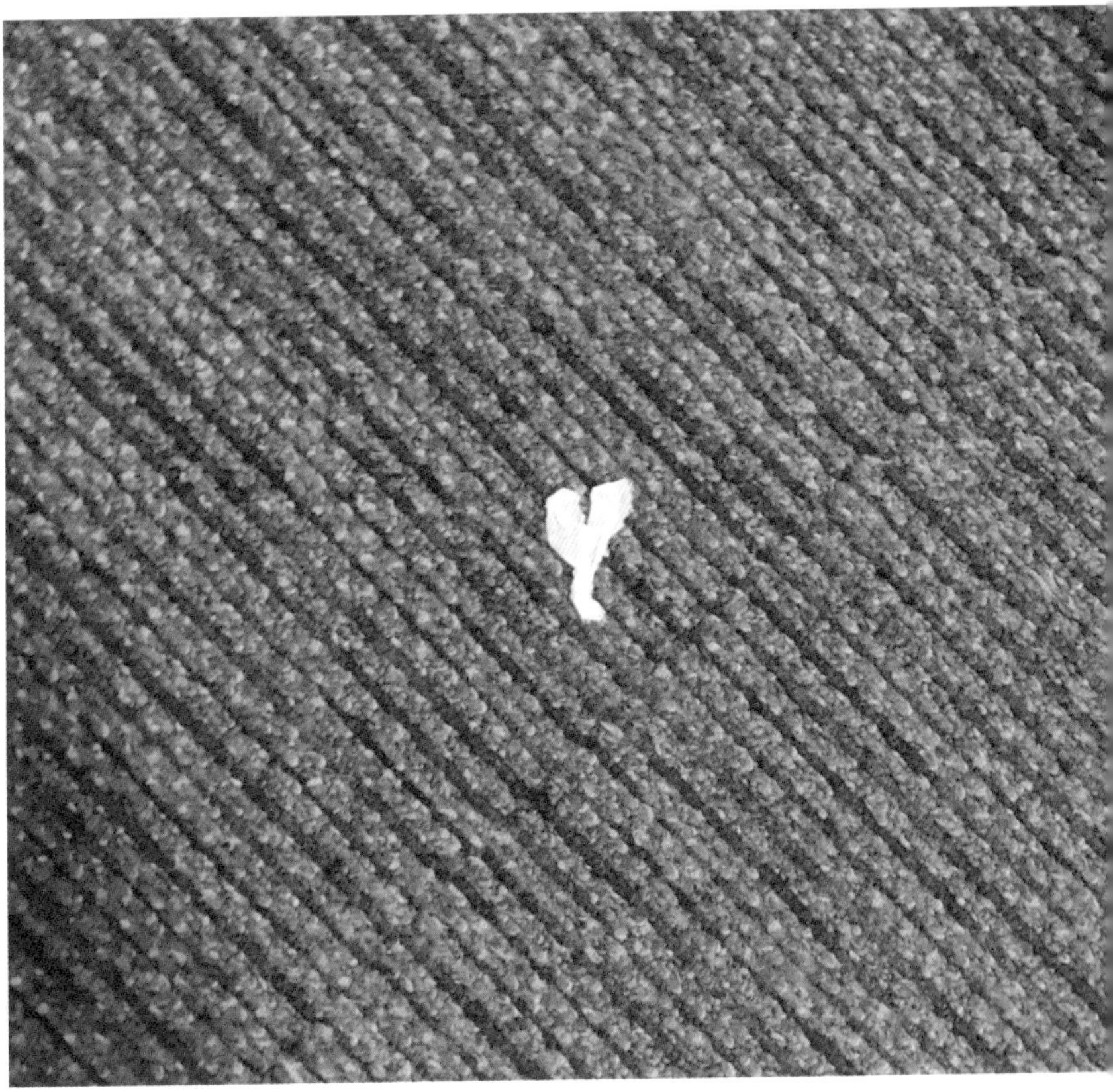

何やっても何しても頭にいるし
胸がギュンってなるのを通り越して
体の上半身が痛いんです。

２人が落ち合った
永遠だと思っていた夜にだって朝は来るのだから
別れだって当然来るのだ。

けれど僕は
隣にいる君を当たり前だとは
思っちゃダメだとわかっているけど
君が隣にいることを
当たり前にしたいんだ。

忘れるのと忘れられるのは
どちらが悲しいのでしょう。
裏切るのと裏切られるのは
どちらが辛いのでしょう。
私たちの関係には
ありがとうとごめんね
どちらが正しいのでしょう。

君の生きる意味が僕であってほしくないんだ。
君には君自身の生きる意味があって
そっとその横に
僕はいたいんだ。

あの人に合わせてた短い髪も
今じゃ腰に届くまで長くなって
あの人に合わせてたあの香水も
今じゃ底つきて
なのになんでこの気持ちは姿かたちを変えずに
まだここにあるのでしょう。

会いたいというよりは
あの頃が恋しいというか
あの頃の2人が好きだなって。
今の私たちでもう一度やり直したいわけじゃなくて
あの頃のあの私たちに会いたいんだよ。
あの頃の思い出が好きなんだよ。

難しい感情。

部屋の掃除をして
新品のシーツを洗い立ての布団にかけて
洗い立ての体に新品の下着をつけて
新品のパジャマを着て布団に入る。
何もかも洗い直して新品のものを身につけたけど
心だけは変わらずに
今もあなたを想ってる。
どうせなら、洗い流せたらよかったのに。

私を満たすことのできない人が
隣で満たされたように寝ているこの現実が
腐っていけばいいなと思うような夜。

空の青さが夜でもわかるような夏が好き。

背中合わせで眠る夜が
これからも続くなら
もう同じベッドに入らないと思う。

同じシャンプーも
お揃いのコップも
共有する場所さえも無意味になっていくのでしょうか。

この人との関係を終えてもいい気がしてきた。

薄青黒い空を見ていたら
終わりが来たとしても
失うものは何もないよと教えてもらえた気がした。

でも
終わりがなんだかわからない気もした。

使い古したタオルなんよ。
使い勝手もいいし、思い出も詰まってるし
心地がいいのも知ってる。
けど吸水性は落ちていて
もう肌触りも、どこが気持ちいいのかも
どう触ってくれるかもわかってる。
どういう手順で乾かしてあげたら気持ちいいかもわかってる。
だから捨てるに捨てられないし、好きだし
もうわかりきってるから疲れるんです。
もうわかりきってるから
もうわかりたくない。

使えば楽だけど、心苦しい。

好きな人がいる暮らしって
丁寧になると思うんです。

好きな人に連絡する時は丁寧に。
好きな人に会う時は見た目を丁寧に整えて。

きっちり細やかに時間をかけてというか。

ほんの少し背筋を伸ばすとか
ほんの少し綺麗な爪でいるとか
街を歩く時は歩き方を意識したりとか。

また君に見せない涙がひとつ生まれていく夜のベッド。
この感情は消化されず
どこに消えていくんだろう。
ゴミ袋にまとめて回収されないままのゴミは
どのようになっていくのかな。
この感情はゴミじゃないのに
僕にとっては大事な気持ちのひとつなのに
君が拾ってくれないと
消化してくれないと
ゴミになってしまうんだよな。

失恋とかさ片思いしてる時にさ
周りの人はさ
なんでその人が好きなの？　その人のどこがいいの？
って言うんだけどさ
ここが好きなんだよって浮かぶのってそこまで好きじゃないのかも。
なんでいいのか、なんで好きなのかわからない
わからないけど好きなの！　好きだから好きなの！
そんな感じなんじゃないの？　好きってものは。

【追記】
今思えば、周りに反対される恋愛は
やめた方がいい、多分（笑）。

あなたは何度だって私を裏切る。
私があなたにどんなに尽くしても
どんなに愛情を注いでも
あなたの根は底から腐ったサボテンのように
私を裏切るのね。
それを知っている私の心は
悲しい、切ない
それよりももっと深く辛くて
ねじ切れない痛みなのです。

ただ君との相性がいいといってくれるものを
探していた。
相性占いだって六星占術だって
なんだって片っ端からかき集めて
君と別れない理由
君が僕のそばからいなくならない未来を見つめて探して
君とのこの先の人生を手繰り寄せたかった。
何をしたところで意味がないのもわかってる。
ただ君との繋がりをこの地球上で証明してくれる全てのものに
すがりたかっただけなんだ。

僕が思うことは君の思わないことで
君が思ってることは僕が考えもしないことで。

# 第3章

自分を壊して、なくして、殺してまで
しなきゃいけないこと、仕事ってないの。
仕事より何よりあなたが一番大切だからね。

私、ないものねだりしちゃうけど
ねだるだけじゃなくて
つかみ取っていきたいと思っています。
もっともっと上へ上へ、前へ前へ。
今もてる全ての力を
微々たるものでもやるっきゃないし、やってやりたいんです。
悔しい悔しい恥ずかしい悔しいって感情が
私の中を占めてるけど
その気持ちが大事って言ってくれた方に背中を押されて
もっともっとやってやりたい。
周りもそうだけど
自分自身をギャフンと言わせたいと思ってます。

ギャフン。

今の私には
あと少しも
もう少しも
許されない。

役って私生活にまで影響を及ぼしてくる。
愛する人がいると
生きる意味とか問う必要がないから楽なように
役を演じている時もそうで。
生きる意味もそうだけど
他のことを考える時間っていうものがいい意味でなくなるから
役の中に入ってる時は
生きていて楽です。

何かしたい
何かしなきゃ
何がしたい
何ができる
がぐるぐる巡って回って酔いかけて

胸の中にあったり
ジリジリした思い、形、空気、得体の知れないものが
血管を通って体の中に充満して
皮膚から抜けていきそう。
ああ、将来が不安だ。
先のことを考えずに今に飛び込む力が欲しい。
やりたいことをしたいのに、怖がっている。

あと何回役者の一枚目に名前が来るんだろう。
あと何回役者として名乗れる仕事が来るんだろう。
あと何回役者でよかったと思える日が来るんだろう。
ああ、私はあと何回役者としてスクリーンに立てるんだろう。

生きていたい、役者として、そこに。

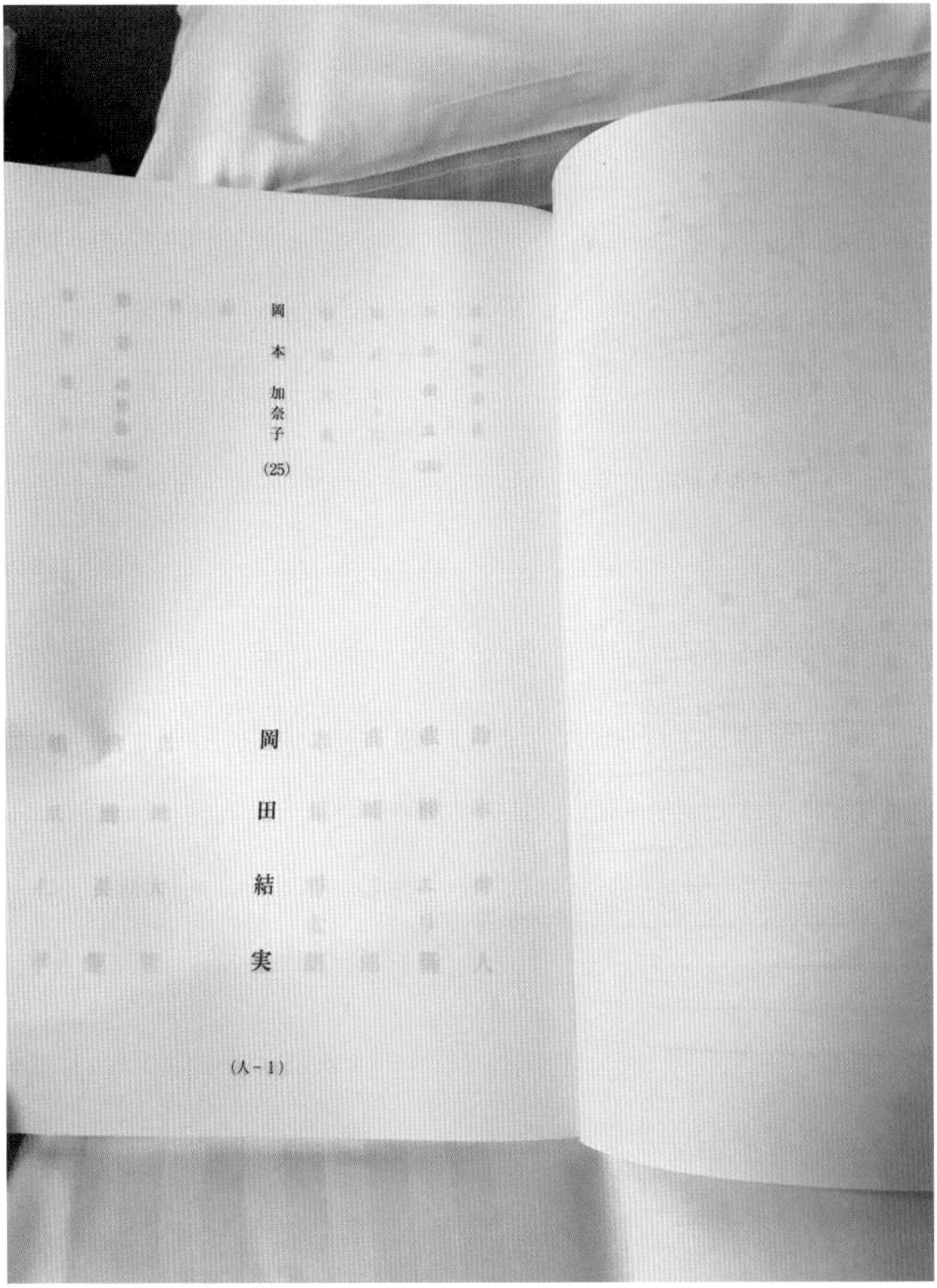
岡本　加奈子
（25）
岡田結実
（人－1）

見えなくても
当たり前のように確かにそこには存在していて
切ろうと思えば簡単に切れてしまうし
繋げていたいと思えばずっと繋げていられるかもしれない。
それが縁で
かけがえのない縁なんだと思います。

仕事がある生活がだんだんと身についてきて
だんだんとお互いの存在が身に染みていく感覚があって
これがずっと続けばいいと思うし思えるし
思ってもらえるなら尚嬉しい。
ああ感謝しなきゃな〜。

どこかに向上心を置いてきたんだ。
いつからか未来を見ることを
怖がっていたんだ。

もっともっと掻き立てろ
向上心と貪欲性を。
今の温度に甘えているとだらけてしまうし
忙しいからって怠けていると心を亡くしてしまう。
だから、日々を心を感情を豊かに。
目標も夢も掲げて
前へ上へと這いつくばってでも
汚くても、嫌いでも、進んで行きたいし、行かなければいけない。

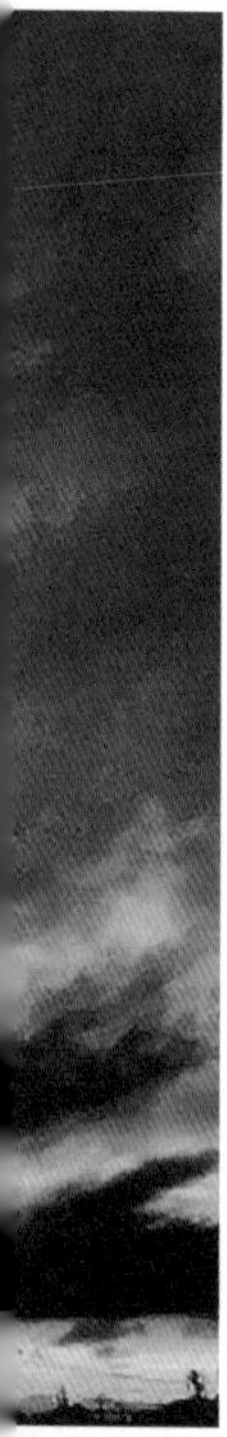

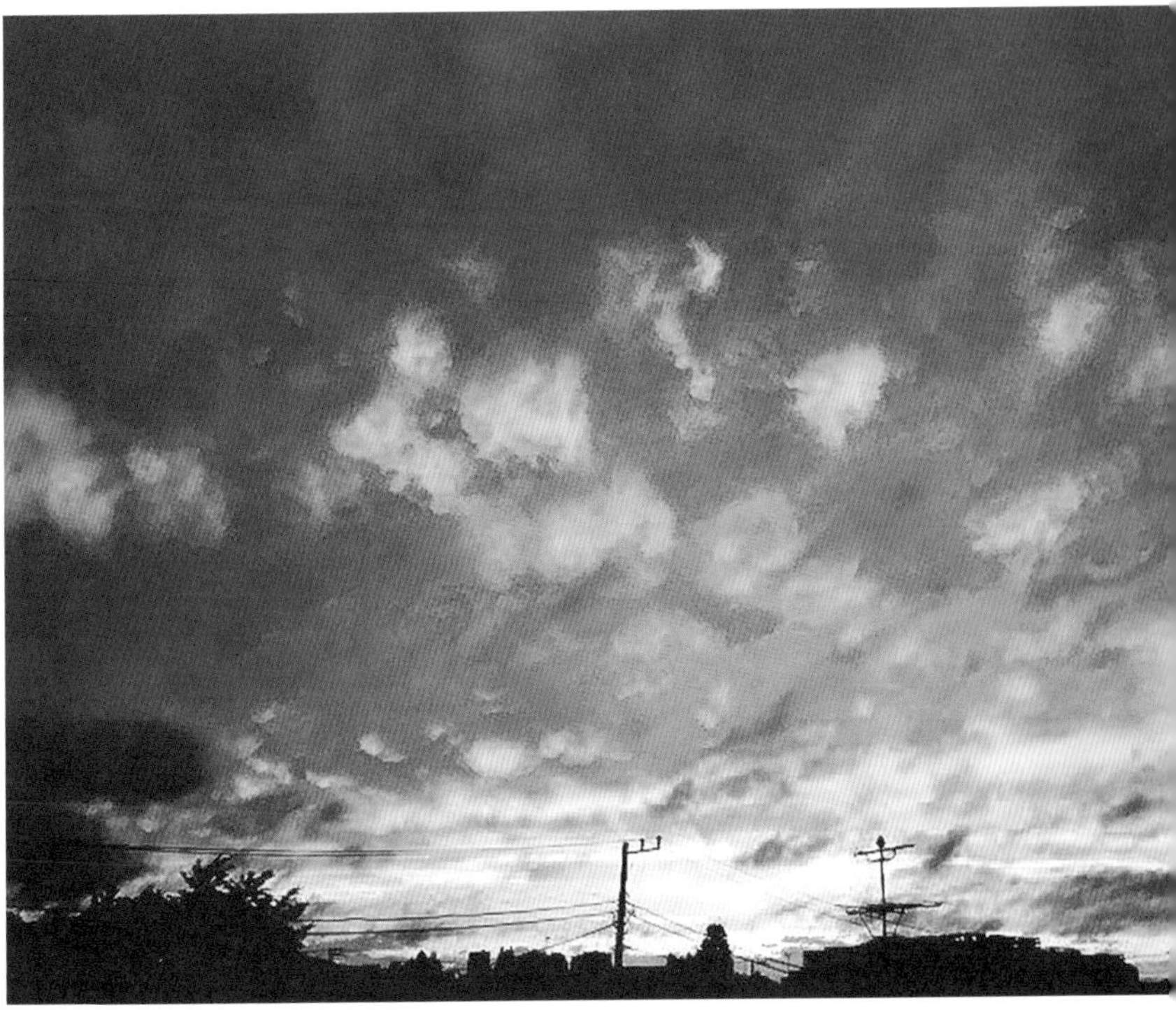

未来が不安なのは
今を大事に思ってるから。

歓声が悲鳴に。
上手いからって人の心に届くわけではない。
けど、下手なままじゃいさせてくれない。

【追記】
バンドのライブを観に行ったときに思ったことで
そのバンドは、特別上手なわけじゃなかったけど
ちゃんとみんなの心に届いていた。
それでも、下手なままだときっと埋もれていくんだ
という恐怖を感じた。

あの時のあの言葉
言ってなかったらどうなってたかなんて
みんな思ってるよ。
そんなこと思って
なんかやりきれなくて
でも、やりきらないといけなくて
仕方なく、けど、全力で
今と向き合ってるんだよ。

なーんてな。

上手く言えないのですが
毎日何かに掻き立てられたいんですよ。
変な焦りとか、そういうのじゃなくて
自分がもっているものとかを
毎日試されていたいんです。
ワクワクとドキドキを
ずっと先の自分に感じられるように
なんて言うんだろう、難しい、この感情。
生きてるなっていう実感、というか
毎日挑戦してるなっていう実感がないと
毎日淡々と音も立てずに
死んでいく気がしてしまうんです。

「初めてなのに」で褒められるのは嬉しいけど
「初めてだから」とか「まだ若いのに」とかって理由で
褒められているうちは
まだまだだ。

死んでも生きてても変わんない
そんな変わんない日常を
変えたいんだ。

十分だと思うことは多分十分じゃない。
今は十分だけど
いつかは十分じゃなくなる。

いい演技をしたいけど
それ以上に
予想外の演技をしたいのだ。

毎日吸収と発揮の繰り返しのようです。
明日はどんな気持ちになるのだろう。
明日はどんなことを感じられるだろう。
そう思うと、明日を迎えるのがほんの少し
怖くなるんです。
そんな時同時に
好きな人たちと好きなものを
身に纏って好きなことをしていくことが
どれだけかけがえのないことかを
身に染みて感じることができるのです。

明日はどんな一日になるでしょうか。

3.14.20

あんこの
ご機嫌がわるい
ため

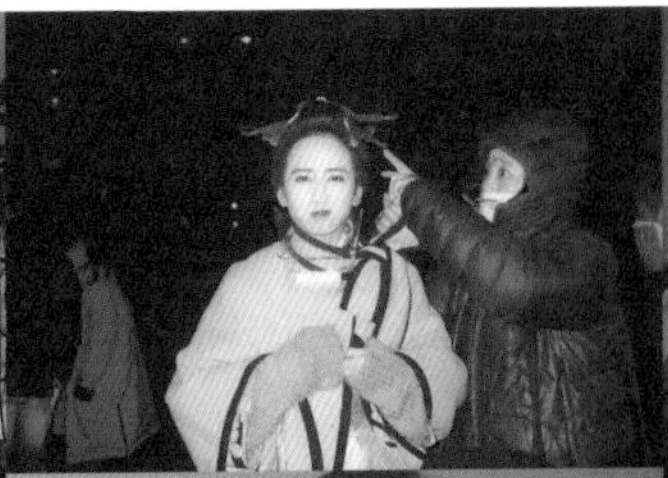
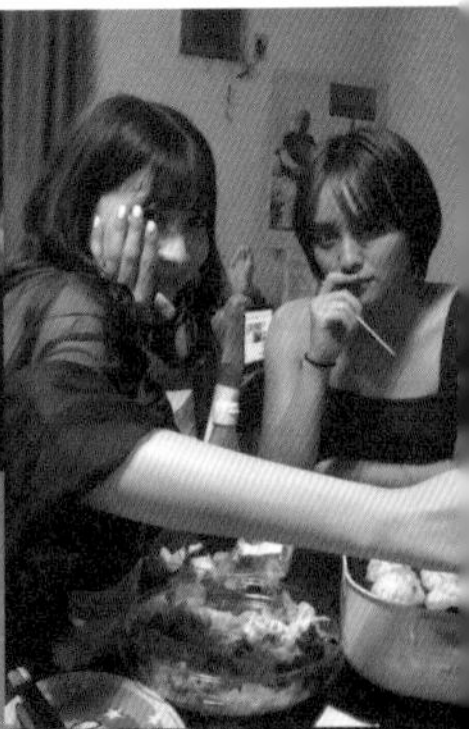

ずびー
母
ひかり
あんこう鍋

授業中の私語禁止

# 第4章

生き生きとして生きる。
夢はでっかく根はふかく。

この二つが私の人生で大切にしている言葉です。

自分の「う〜ん」って思っちゃう性格って
誰しもあると思うのね。
だけど、そこをそのままにしちゃうと、どんどん溜まっていって
いつか自分のことを嫌いになってしまうかもしれないの。
でもそれを正直に言おうって決めたから言ったりすると
「そんなことないよ」とか「そこもいいところだよ」って
声をかけてくれる人がいる。
もしかしたら無意識に慰めてほしかったのかな。
嫌になるぐらい人間らしいな。
でもそうやって言ってもらえると
自分のことを責めずにいられるというか
そう思ってくれてる人もいるんだって思って頑張れる。
SNSなどに届くみなさんの言葉に
本当に救われるんです。ありがとう。

心 ⇔ 感情

おっきい世界の空から見てみれば
自分の悩みなんてちっぽけなものだって
他の人はもっと複雑なものを抱えているんだって
昔は思うようにしていたけれど
今はおっきい空から見た自分のちっこい悩みさえも
他と比べずにちゃんと大事に悩んでいきたいって思ってる。

他の誰かじゃなくて
今の自分が自分だから。

自分の思ったことを言えるような人に。
頭の中のことを表現できるような人に。
私が思ったことを忘れずに
書き留められるように。

人と違うところを見出すことだけが
自分らしさなのか？

一時期、変わり者だってめちゃめちゃ言われたんよ。
それがすっごく嫌で。
自分自身が変わってることが嫌なんじゃなくて
変わってることを変だと思ってる人たちがすごく嫌だった。
だったら、まともに生きようって思ったけど
まともって何が基準なのかわからないし
自分と違うことをしている人がたくさんいる世の中で
私からすればみんな変わり者だって思っていて。
しかも嫌な人たちに合わせて
自分を変えるのもなんなら嫌。
でもね、私の中で変わり者っていう単語は
すっごい褒め言葉として使っています。
変わり者、万々歳よ。

才能なんてたくさんなくていい。
ひとつだけ、ひとつだけ誇れるものがあればそれでいい。
それがはたから見て才能と呼ばれなくても
それだけずっと究めていったら
いつかは自分のかけがえのないものになる。

自分の才能がどうとか
これからがどうとかって不安になるより
信じて周りにいてくれる人たちと
素敵な環境に感謝した方が
頑張れる気がする。

みんな誰かの好きな人になれたら
誰も悲しまないじゃんとか
そういう簡単なことじゃないんだよなあ。
誰かを大切にするってことは
他の誰かを突き放すってことにもなるの
なんでかなあ。

正しい選択をした時に
逃げるって
名前をつけた人
一生恨みます!

楽しいこと嬉しいこと幸せなことが続いてしまうと
その反対のことがもうすぐやってくるんじゃないかって
時々ものすごく不安になるんだ。

たまにさ
本当にたまにこう思うんだよね。
「本気になるのが怖い」って。

どんなに大人になっても
どんどん大人になっても
高い位置でツインテールしていたいし
いつまでもかぼちゃパンツは穿きたいし
冬はずっと腹巻きつけていたいし
明日早いのに夜更かしはしていたいし
いつまでも
海に、空に、あの人になりたい！
って思うような、しちゃうような
人でいたい！

人が好きだ。
仕事が好きだ。
愛が好きだ。
楽しく笑うのが好きだ。
生きてることが好きだ。

誰かが不味いものを食べて笑ってる時に
一口怖がらずにもらって
うわぁ不味いねって
一緒に笑えるような人になりたいな。

型にハマりたくないんだけど
型にハマっている自分が
楽な時もあるんよな。
誰かが一度歩いた道を歩くのは
とても楽な気がしちゃうんだよなあ。

嫌いなものは嫌いだし
好きなものは好き。
そうやって決まっている自分の中の認識を
いつか全部、
好き嫌いはあるけど
それは全部、私のためになると
思えるような日々を送りたい。

自分が楽しくなかったら
他の人が楽しいわけがない。
自分のことを本気で好きじゃなかったら
他の人なんか本気で愛せない。
「人生これから」なんて
そんな甘い言葉に耳を傾けたくなんてない。
今日も必死に生きられないやつに
これからの人生なんてものも存在しない。

# 第5章

私がいなきゃ私の世界は始まらない。
そう思うと一日を始める一歩が
踏み出しやすくなるんだよね。

誰かに勝ちたいって気持ちは大事だと思います。
だけど、大切な人たちには
勝ち負けからは遠いところで
頑張っていてほしいなとも思います。

下手でも
好きなものは好きってちゃんと言いたい。
というか大好きなものに
上手いも下手も持ち込みたくない。
好きなものには
好きだけでいい。

○○が好きって言ったら
じゃあこれ知ってる？　って言ってきて
知らなかったら
浅はかな知識とか
にわかとか言う人
意味がわからない。
好きって気持ちがあるだけじゃ
ダメなのかな。

言葉って人の口から出た時に
意味をなくすこともあれば
意味を成すこともあるんだね。

自分が育ってきた街の匂いは
あったかくてちょっぴり寂しくて
心地のいい匂い。

女性がデートの待ち合わせでする
ごめんなさいお待たせしました〜って感じで
小走りしながら笑顔で手を振るやつ
あの威力って実際にされるとすごいんですね。

この間渋谷で立ち止まってたら
女性が向こうから満面の笑みで手を振りながら走ってきて
あまりにも可愛らしすぎて
全然知り合いでもなんでもないんですけど
そのまま飛びつこうかと思ってしまいました。

実際は
私の後ろにいた方にしていたんですけど
もはや私に向けてなんじゃないかレベルに威力があって
気づいたら少しその女性に向かって

歩きかけていた自分が
怖かったです。

寝坊して駅を爆走するような大人にはなりたくないと
爆走しながら思いましたとさ。

人は変わるし
変わらないし
変われない。

誰かの好きな人は誰かの嫌いな人。
誰かの嫌いな人は誰かの好きな人。

でも私は
あの人の嫌いな人には
なりたくないの。

誰かのためにとか考えなくていいの。
誰かじゃないあなたのために。
あなた自身に優しくできない人は
他人にも優しくなれないよ。

一生大切にしたい人が
一生忘れられない人に変わって
忘れたくない人になって
忘れかけている人になって
なんの人にもならなくなるんだ。

でも願うことは
私の大切な人が
私の好きな笑顔でいつまでも
笑っていられますように。

ただその願いだけ
その願いだけでも
届かない。

誰かのための涙ほど
綺麗なものはない。

ゆい、
Happy Birthday

好きな嘘を信じて
生きていけばいいと思う。

第6章

青春の日々、楽しかったなあって
青春＝若い時って、
私はしたくないから抗うよ。
いつだって人生を青春の真っ最中にしたいのよ。

小学生の頃の思い出は楽しかったのによく覚えてないし
別にとびきり楽しい思い出が中学時代にあったわけでもないし
高校は2年生から通信制の学校で制服なんかまともに着てないし
でもなぜか
「学生」というものにはどこかしらに思い出が詰まってて
こんなに卒業したくないなって思う日が来るなんて
思いもしなかったなあ。
大切な友達とは一緒の卒業式には出られないけど
大切な友達と同じ年に卒業すると思うと
とても寂しいけれど
なぜか心が温かくなって誇らしい気持ちになりました。

ありがとう。
サラバ青春。

後ろ髪引かれてた。
手に入らないものほど手に入れたかった。
眩しい光ほど
近づくより遠くで見ていたかった。
一等賞になれた時より
特別賞のあの子が羨ましかった。

熱そうな火には
いつだって飛び込めた。

小学生の頃、先生が名前の書いてない落とし物を
ななしのごんべえって言っていて
あー　これ持ち主が見つからなかったら
もう誰の元にも帰れず持ち主の手にも渡らず
可哀想だなあって思ったのと同時に
もう二度と誰のものにもならない名前のこの人が
とても羨ましく思えたんだよね。

過去にあったこと
様々なものの中で大切にされたものだけが
「思い出」と言われるのかなあ。

季節に惑わされたくないけど
季節のせいにはしたい。
「夏のせい！」は最高の合言葉！

湿ったコンクリートから夏の匂いがした。
サンダルの先から濡れる指先
うるさいぐらいの蟬の声

全部がいつか　あの時　になってしまう。

あの時の夏
誰にだって一度は訪れただろう、忘れることのできない夏が。

夜になると、私は襲われるんだ。
思ってもないこと
考えてもいないことがどんどんふくらんで
悪い方に考えたり怖いぐらいポジティブになったり。
だから夜にそういう状態になるとよく思うんだ。

「ああまた、私は夜に襲われてる」って。

危険
徐行

私のことを考えて眠れなくなる夜がくればいい。
それで辛くなってどうしようってなって
でも届かない距離だから堪えて眠ったら
少しはマシになって
そのまま生活できればいい。
その繰り返しでいい。
私のことを考えて眠れなくなる夜が
みんなにくればいい。

どうしようもないくらい泣きたい夜は
誰にも来るんだよ。
我慢してるだけ。
堪えてるだけ。
我慢するしかないから。
堪えるしかないから。
それを、何も考えてなさそうだねみたいな
簡単な
何も考えてない言葉で言うなよ。

青春ってのはいつだって
何年歳を重ねたって
何本皺を増やしたって
青春は青春です。
けれど
制服を無理矢理着せられていたあの時代の春の日々は
あの時代にしか味わえない青春なんだと思います。
それは、変えられない青春なんです。

# おわりに

ああ、どうでした？
胸がそわそわしちゃうような内容だったでしょう（笑）？
恥ずかしいって気持ちを私は拭いきれないけど、
この本を出せたことを恥じる気持ちは1ミリもありません。
私はこの本で誰かの何かを救えたらなと本気で思ってます。
大それたことじゃなくて、
例えば、お菓子の賞味期限切らしちゃった……悲しい。
けどこの本読んだら笑えたからまいっか。

くらいの
ほんの少しの
あなたの何かを救えたらなと本気で思ってます。
賞味期限切らしちゃうのはよくないけどね（笑）！

何か心がすぐれない時に
思い出して読んでもらえるような素敵な本になったと思います。
そうなってたらいいな――（笑）！

お手にとってくださった皆様
関わってくださった愛すべきスタッフの皆様
本当にありがとうございました！

## 岡田結実　おかだ　ゆい

1歳で子役モデルデビュー。これまでバラエティ、ドラマ、映画へ出演しマルチに活躍中。2021年後期NHK連続テレビ小説「カムカムエヴリバディ」へ出演を果たした。テレビ朝日「わたしのおじさん～WATAOJI～」、「女子高生の無駄づかい」、日テレ系・読売テレビ「江戸モアゼル～令和で恋、いたしんす。～」、BSテレ東「最果てから、徒歩5分」で主演を務め、東海テレビ×WOWOW共同製作連続ドラマ「准教授・高槻彰良の推察」ではヒロインを演じた。現在、ABCテレビ「newsおかえり」、フジテレビ「逮捕の瞬間！警察24時」、テレビ東京「ひるパ！」のMCを含め計5本のレギュラー番組に出演中。雑誌「JELLY」（文友舎）ではレギュラーモデルも務めている。

ひねくれぼうず
2023年2月10日　初版第一刷発行

著　者　岡《おか》田《だ》結《ゆ》実《い》
発行人　加瀬弘忠

発行・発売　株式会社文友舎
〒102-0082　東京都千代田区一番町29-6
編集部　03-3222-3694
出版営業部　03-6893-5052
www.bunyusha-p.com

印刷・製本　図書印刷株式会社


ISBN 978-4-86703-808-6

題字　岡田結実
ブックデザイン　小田切信二＋石山早穂＜wip·er graphics＞
撮影　大辻隆弘（カバー、P.1～10）、岡田結実（第1章～第6章中写真）
装花　岸 大介＜logi PLANTS&FLOWERS＞
衣装　佐山みき＜LOVABLE＞（カバー、P.1～10）
ヘアメイク　辻村友貴恵（カバー、P.1～10）
校正　麦秋アートセンター
特別協力　副島勇樹、柴田優帆